雲と天気の よくばり 自由研究

ダウンロード・
コピーして
そのまま使える
よくばり観察シート
付き

気象予報士／桐光学園中学・高等学校教員
金子大輔

気象観測が
今日からできる

保育社
HOIKUSHA

はじめに

皆さま、こんにちは。たくさんの書籍の中から本書を手に取っていただき、ありがとうございます。

「あの雲はなんという名前なのだろう？」「あの雲はどうやってできたのだろう？」、そんなことを想像するのはとても楽しいですし、それを知ることで親しみも増すでしょう。

本書は、写真集（図鑑）や気象の入門書としてだけでなく、自由研究やレポートに役立つようなことも意識した、少しよくばった一冊です。

さらに、雲を学ぶ以上は、日本式の天気記号や風の記号だけでなく、国際式の記号まで学んでちょっと専門家になった気分を味わっていただこうというところでもよくばっています。

知識や知恵はいくらよくばっても、じゃまにならず、多ければ多いほど、世界が広くなります。ぜひ皆さまも、勉強するときにはよくばりになってみてください。

なお、科学的とは言えない「地震雲」も頭ごなしに否定はしないで、「本当にあるのか、ないのか、調べてみよう」というスタイルを取っています。だれかが「ゆうれいがいた」と言ったときに、「ゆうれいなんて、いるわけないでしょ」と否定してしまえばそこでおしまいです。しかし「どんなゆうれいだったか」、「なぜゆうれいが出たのか（その場所の歴史）」「ゆうれいと間違うような自然現象はないか」などを調べていけば、大きく成長できるだろうというのと同じです。

みんなが天気や気象に関心を持てば、天気や気象のなぞも解明され、災害も少なくなることでしょう。

気象や雲の世界にようこそ！　どきどきわくわくしながら、ページをめくっていってください。

2020年6月　金子大輔

気象予報士が楽しく教える！

雲と天気の よくばり 自由研究

もくじ

2章 イラストと写真でわかる雲図鑑

3章 雲・空を観察してみよう

4章 災害と雲

▶▶観察シートのダウンロード方法

◆保育社ホームページからダウンロード

保育社公式サイト（https://www.hoikusha.co.jp/）
のトップページ右上の"本を探す→"をクリック、左サイドの"検索"に
「雲と天気」を入力します。『雲と天気のよくばり自由研究』の紹介
ページが開いたら、"観察シートのダウンロードはこちら"をクリックし
ます。

◆URLを直接入力してダウンロード

URL: https://www.hoikusha.co.jp/book/978-4-586-08628-3/
を入力し、"観察シートのダウンロードはこちら"をクリックします。

※ダウンロードの有効期限は、本書発行日（最新のものより）3年間です。有効期限
　終了後、本サービスは読者に通知なく休止もしくは終了する場合があります。

1章

雲って何？

雲って何？
雲のでき方

❶雲って何？

　雲とは何でしょうか。「水」、はい、そうですね。では雲である水は、氷（固体）、水（液体）、水蒸気（気体）のどれでしょう？（図1）

　雲は私たちの目に見えます。水蒸気は目に見えませんから、水蒸気ではありません。では氷か水かどちらかということですが、これは季節や雲の浮かぶ高さによって変わります。雲が氷でできている場合は、雲を作っている氷の粒を氷晶と呼びます。

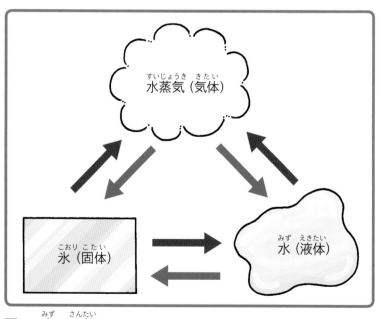

図1　水の三態

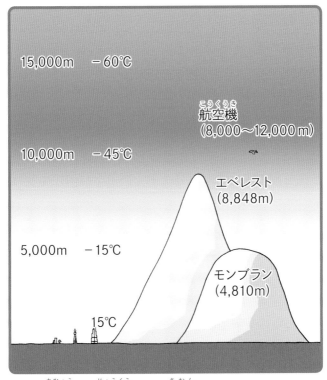

15,000m　−60℃

航空機
（8,000〜12,000 m）

10,000m　−45℃

エベレスト
（8,848m）

5,000m　−15℃

モンブラン
（4,810m）

15℃

図2　地表から上空までの気温

　地表から上空に上がるにつれ、気温は低くなります。ですから、高い所（日本の夏では16,000mくらいの高さまで）に浮かんでいる雲ほど、氷でできている可能性が高いと考えてよいでしょう（図2）。私たちは「水は0℃で氷になる」と知っています。しかし、雲粒のように空中に浮いていると、0℃以下になってもなかなかこおらないことがあります（過冷却）。過冷却の水は、−20℃くらいまで冷えたり、何かの衝撃を受けたりするとかんたんにこおります。

雲粒

雲をつくっている水滴や氷晶のこと。

　雲を下からながめていると、真っ白あるいは白銀にかがやく雲もあれば、真っ黒な暗い雲もあります。いったい何がちがうのでしょう。

　これは雲の厚さのちがいです。うすい雲なら太陽光を通すので白っぽく見えますが、厚い雨雲では灰色になり、さらにはげしい雷雨をもたらすぶ厚い雷雲では真っ黒に見えたりするのです。そのほか、まれではありますが、煙霧など空気中に小さな粒子（細かい粒）が舞うことが原因で、黄色がかって見えたり、緑がかって見えたり、とても幻想的な光景をかもし出します。

白い雲

黒い雲

赤い雲

黄色い雲

❷ 雲のでき方

　雲はどのようにできるのでしょうか。空気のかたまりが、なんらかの原因により持ち上げられると（上昇気流）、空気のかたまりはだんだん冷やされていきます。上空に行くほど気圧が低くなり気温が低くなるので、空気のかたまりを回りから押しつぶす力が弱まり空気のかたまりはふくらみます。ふくらむときに「熱エネルギー」を使うため、雲のかたまりは、さらに冷えていきます（図3）。

知っておきたい！

専門用語　　上昇気流

地表から上空に向かって下から上へと吹く風のこと。

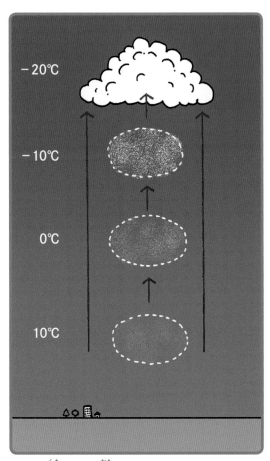

図3　雲のでき方

　水蒸気が冷えて、露になりはじめる温度である「露点」より低くなると、空気のかたまりに含まれていた水蒸気が水滴としてはき出されます。これが雲です。

　ですから、雲ができるためには上昇気流が欠かせません。上昇

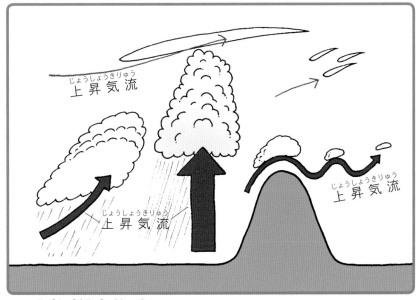

図4　上昇気流と雲の厚さ

気流が強いほど、上空高くまで空気が持ち上げられます（図4）。ぶ厚い雲は、たくさんの雨や雪をつくりだすため、大雨や大雪になります。一般的な低気圧での上昇気流はカメの歩みのように1秒で数cmくらいしか進みませんが、はげしい雷雨のときにはそのスピードは、短距離走の世界記録保持者なみに1秒間に10mにも達します。さらに日本ではまれですが、アメリカなどでグレープフルーツ大のひょうを降らせたり、強れつな竜巻（トルネード）を起こしたりすることで恐れられる「スーパーセル」というタイプの超巨大積乱雲では、新幹線の速さなみの秒速50m（時速180km）

15

にも達するのです。

　ところで、ひじょうにこい霧（濃霧）を経験したことがありますか。霧は、地表の近くで小さな水滴がただよって、視界が悪く

濃霧

なる現象です。この霧と同じ現象が上空に発生しているのが「雲」と考えてよいでしょう。気温が低くなって霧がこおり、個体（氷晶）になったものはダイヤモンドダストと言って、世にも美しい気象現象と言われています。

目指せ！
気象予報士
クイズ ①

気象予報士試験に合格し、気象庁に登録すれば、自分で予報業務を行うことができる。〇か✕か。

解答

　✕。気象庁に登録後、さらに予報業務の許可を得なければなりません。これが高いハードルで個人ではむずかしく、多くの人が気象会社などへの就職を選ぶことになります。

知っておきたい！ 専門用語　ダイヤモンドダスト

　ダイヤモンドダストのダストは「ほこり」という意味です。ダイヤモンドダストが起こるには、－10℃、早朝などの条件が必要ですが、そのほかにも湿度が高いこと、風が弱いこと、大気の見通し（視程）が1km以上あることなどがあげられます。実際に見るのはむずかしいでしょう。

2 雲の種類と特徴

❶高さと形

　雲は、数100mから17,000mくらいのさまざまな高さに浮かんでいます。低い雲におおわれると、高層ビルの上のほうがかくれて見えなくなることもあります。反対に、すごく高いところに浮かぶ雲だと、飛行機に乗ってもさらにはるか上に見えたりします。

写真提供：藤野美香

高層ビルにかかる低い雲

（あべのハルカス，高さ300m）

飛行機より上の雲

図5　雨を降らせる雲

❷ 雨を降らせる雲、降らせない雲

　薄い雲や高い雲からは、雨は降りません。高いところから落ちてくる間に、水滴が蒸発してしまうからです。雨を降らせる雲はあつい雲、そして、低い雲です（図5）。

❸ 降水

　雲の中では、数えきれないほどの雲粒がはねまわっています。雲粒がくっつき合うことをくり返し、100万倍以上の大きさとなって、上昇気流でも支えきれなくなって落下してくるのが雨です。

　雨には「暖かい雨」と「冷たい雨」があります（図6）。日本では

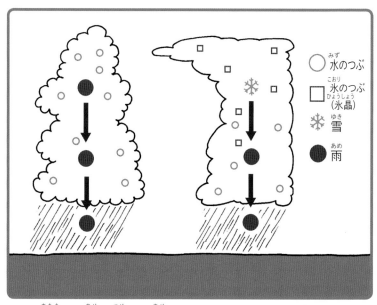

図6　暖かい雨、冷たい雨

ほとんどが「冷たい雨」なので、まずは冷たい雨についてお話しし
ましょう。

①冷たい雨

　雲の上部には氷晶がたくさんあります。一方で、冷やされすぎ
た過冷却の水もまじっています。過冷却の水は、なんらかの刺激
を受けるとかんたんにこおってしまいます。氷晶が過冷却水にぶ
つかることで、氷晶にこおり付きます。また、雲の中は湿度が高く
水蒸気も豊富で、水蒸気も氷晶にこおりつきます。
　これをくり返すことで氷晶は大きくなり、上昇気流でも支えきれ

ずにやがて「雪の結晶」や「あられ」となって下に落ちていきます。落下する過程で雪の結晶がとけて、蒸発せずに地上に届けば「雨」となります。

②暖かい雨

一方、暖かい雨は、液体の水でできた雲粒がくっつき合いをくり返して大きくなり、雨粒となって落下してきたものです。しかし、いくら雲の中には雲粒がたくさんあるとはいえ、100万倍もの大きさになるのは大変に思えますね。ここで強力なお助けマン「エアロゾル」の助けを借りるのです。

エアロゾルとは、かんたんに言ってしまえば空気中にただようちり・ほこりなどの粒子（細かい粒）です。ちりなどの粒子は、雲粒に比べると大きく、エアロゾルが「凝結核」となることで、雲粒は効率的に大きな雨粒へと成長することができるのです。暖かい雨は熱帯の海に多く、海の波からまき上げられた塩分が、しばしば

知っておきたい！ 専門用語 凝結核（雲凝結核）

雲が生成されるとき、気体の水蒸気から液体の水になる（凝結）ときに、しん（核）として働く小さな粒（粒子）のこと。

雪になるためには、湿度や風速など
いろいろな要素が関係します。雪が
降ったときの気温は？ 場所は？ 気温が高くて雪が降っ
たときはどんなだった？ 逆に寒かったのに雪じゃなかっ
たのは？ 記録を見て考えてみよう。

エアロゾルとして働きます。

　地上気温が3℃以下だと雪の可能性が高くなります。そのほか
湿度や風速など、雪になるにはいろいろな要素が関係します。こ
のため、10℃近くで雪になってしまうこともあれば、1℃でも雨と
いうこともあります。そのあたりも研究してみると面白いことがわ
かるでしょう。限られた場所によるちがいもあるかもしれません。

　空から降ってくるのは雨や雪だけではありません。もし上昇気流
がものすごく強かったらどうでしょうか。

　雨粒が落下のとちゅうで強い上昇気流に会うと、ふたたび上空
高くにまい上げられます。上空の高いところは気温が大変低いの
で、まい上げられた雨粒は、こおって「あられ」になります。この
あられは、ふたたび落下しながら、雲の中の過冷却水などをこお
りつかせながら大きくなっていきます。そして、また強い上昇気流
に会ってまい上げられ……これを何回もくり返すのです。しまいに、

図7　降ひょう

強れつな上昇気流でも支えきれない大きな「ひょう」となって落下してくるのです（図7）。ですから、ひょうが降るときには、もうれつな上昇気流があると言えます。ひょうが夏のはげしい雷雨にともなって降るのはこのためです。

　そのほか、ひょうの仲間には表1のようなものがあります。

表1 ひょうの仲間

名前	特徴
雪あられ	白くてやわらかく、雨から雪へ、あるいは雪から雨へと変わるタイミングでよく降る。
氷あられ	ひょうの小さいもの。透明でかたく、季節を問わず降る。
みぞれ	雨と雪がまじって降る。
凍雨	上空でいったんとけて雨になったものが、ふたたびこおって落ちてくる。
着氷性の雨	過冷却じょうたいの水が、雨として降る。着氷性とは、物にぶつかるとこおりつくという意味。

3 天気の記号、雲の記号、風の記号

❶雲量記号

晴れと曇りのちがいは何でしょうか。また快晴と晴れのちがいは何でしょう？

いずれも「雲量」（雲の量）で決まります（表2）。気象庁では、雲量が0か1のときを快晴としています。同じく雲量が2〜8のときを晴れ、9か10で曇りとします。たとえ太陽が雲にかくれていても、雲量8なら晴れです。

ただし、降水（雨、雪、あられ、ひょうなど）や雷、霧があったときは「天気」としてはそちらの現象を優先します。

表2　雲量と天気、雲量記号

雲量記号	雲　量	天　気
◯	0	快　晴
⊖	1	
◔	2，3	晴　れ
◕	4	
◑	5	
⊕	6	
◔	7，8	
◐	9または10すき間あり	曇　り
●	10すき間なし	
⊗	天気現象により天空不明	
⊖	天気現象以外で天空不明または観測しない	

❷ 天気記号

つぎに、日本式天気記号（表3）と国際式天気記号（表4）をならべてみます。「日本人は細かく（きちょうめん）、欧米人はおおらか（大ざっぱ）」と言われるのに、天気記号に関しては国際式のほうがはるかに細かいのは面白いところですね。

表3 日本式天気記号

1 快晴	2 晴れ	3 曇リ	4 煙霧	5 ちり煙霧	6 砂じんあらし	7 地ふぶき
8 霧	9 霧雨	10 雨	11 雨強し	12 にわか雨	13 みぞれ	14 雪
15 雪強し	16 にわか雪	17 あられ	18 ひょう	19 雷	20 雷強し	21 天気不明

表4　国際式天気記号　（安斎正雄. 新・天気予報の手引. 2005, 日本気象協会より改変）

00	01	02	03	04
観測の前1時間内の雲の変化不明。	観測の前1時間内に雲が消えているかまたは発達がにぶっている。	観測の前1時間内は空もよう全般に変化がない。	観測の前1時間内に雲が発生しているかまたは発達している。	煙のため視野が悪い。
10	11	12	13	14
もや	観測所に地霧または低い氷霧が散在している（目の高さ以下）。	地霧または低い氷霧があり、連続している（目の高さ以下）。	電光は見えるが、雷鳴は聞こえない。	見えるはんいに降水があるが、地面または海面に達していない。
20	21	22	23	24
霧雨または霧雪があった。にわか雨ではない。	雨があった。にわか雨ではない。	雪があった。にわか雪ではない。	みぞれまたは凍雨があった。にわか雨ではない。	着氷性の雨または着氷性の霧雨があった。にわか雨ではない。
30	31	32	33	34
弱いまたは並の砂じんあらし。観測の前1時間内にうすくなった。	弱いまたは並の砂じんあらし。観測の前1時間内変化なし。	弱いまたは並の砂じんあらし、観測の前1時間内に始まったまたは濃くなった。	強い砂じんあらし、観測の前1時間内にうすくなった。	強い砂じんあらし観測の前1時間内変化なし。

05	06	07	08	09
煙霧	空中広くちり、黄砂がただよっている（ちり煙霧）。風に巻き上げられたものではない。	風に巻き上げられたちりまたは砂。	観測の前1時間内に観測所または観測所付近に発達したつむじ風。	観測時に見えるはんいで、観測前1時間内の砂じんあらし。

15	16	17	18	19
見えるはんいに降水、観測所から遠く〜km以上。	見えるはんいに降水、観測所にはなく、5km未満。	雷の光と音、観測時に降水なし。	観測の前1時間内に観測所または見えるはんいにスコール。	観測の前1時間内に観測所または見えるはんいにたつまき。

25	26	27	28	29
わか雨があった。	にわか雪またはにわか雨のみぞれがあった。	ひょう、氷あられ、雪あられまたは雨を伴うひょう、氷あられ、雪あられがあった。	霧または氷霧があった。	雷の光と音があった。降水を伴ってもよい。

35	36	37	38	39
い砂じんあらし、測の前1時間内始まった、または くなった。	弱または並の地ふぶき。目の高さより低い。	強い地ふぶき。目の高さより低い。	弱または並の地ふぶき。目の高さより高い。	強い地ふぶき。目の高さより高い。

40	41	42	43	44
離れた所に霧または氷霧があるが、観測の前1時間内には観測所にはなかった。	霧または氷霧がちらばっている。	霧または氷霧、空がすけて見える。観測の前1時間内にうすくなった。	霧または氷霧、空がすけて見えない。観測の前1時間内にうすくなった。	霧または氷霧、空ヵすけて見える。観測の前1時間内にょ変化なし。
50	51	52	53	54
弱い霧雨、観測の前1時間内にやむ時間があった。	弱い霧雨、観測の前1時間内にやむ時間がなかった。	並の霧雨、観測の前1時間内にやむ時間があった。	並の霧雨、観測の前1時間内にやむ時間がなかった。	強い霧雨、観測の前1時間内にや：
60	61	62	63	64
弱い雨、観測の前1時間内にやむ時間があった。	弱い雨、観測の前1時間内にやむ時間がなかった。	並の雨、観測の前1時間内にやむ時間があった。	並の雨、観測の前1時間内にやむ時間がなかった。	強い雨、観測の前1時間内にやむ間があった。
70	71	72	73	74
弱い雪、観測の前1時間内にやむ時間があった。	弱い雪、観測の前1時間内にやむ時間がなかった。	並の雪、観測の前1時間内にやむ時間があった。	並の雪、観測の前1時間内にやむ時間がなかった。	強い雪、観測の前1時間内に止み間あった。

45	46	47	48	49
霧または氷霧、空がすけて見えない。観測の前1時間内に変化なし。	霧または氷霧、空がすけて見える。観測の前1時間内に始まったまたは濃くなった。	霧または氷霧、空がすけて見えない。観測の前1時間内に始まったまたは濃くなった。	霧、霧氷発生中、空がすけて見える。	霧、霧氷発生中、空がすけて見えない。

55	56	57	58	59
強い霧雨、観測の前1時間内にやむ時間がなかった。	地面に落ちてこおる弱い霧雨。	地面に落ちてこおる並または強い霧雨。	弱い霧雨と雨。	並または強い霧雨と雨。

65	66	67	68	69
強い雨、観測の前1時間内にやむ時間がなかった。	弱い地面に落ちてこおる雨。	並または強い地面に落ちてこおる雨。	弱いみぞれまたは霧雨と雪。	並または強いみぞれまたは霧雨と雪。

75	76	77	78	79
雪、観測の前1時間内にやむ時間がなかった。観測時に	細氷（ダイヤモンドダスト）、霧があってもよい。	霧雪、霧があってもよい。	単独結晶の雪、霧があってもよい。	凍雨（氷の雨）。

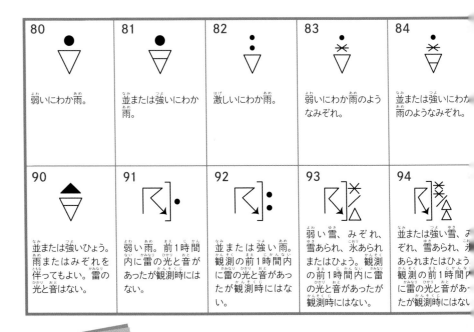

80	81	82	83	84
弱いにわか雨。	並または強いにわか雨。	激しいにわか雨。	弱いにわか雨のようなみぞれ。	並または強いにわか雨のようなみぞれ。

90	91	92	93	94
並または強いひょう。雨またはみぞれを伴ってもよい。雷の光と音はない。	弱い雨。前1時間内に雷の光と音があったが観測時にはない。	並または強い雨。観測の前1時間内に雷の光と音があったが観測時にはない。	弱い雪、みぞれ、雪あられ、氷あられまたはひょう。観測の前1時間内に雷の光と音があったが観測時にはない。	並または強い雪、みぞれ、雪あられ、氷観測の前1時間内に雷の光と音があったが観測時にはない

知っておきたい！

専門用語　天気記号中に出てくる用語

地吹雪：積もった雪が、強い風でまい上がる現象。

煙霧：乾いた小さなつぶ（粒子）により見える範囲が10km未満となっている状態。

ちり煙霧：煙霧のうち、ちりや砂ぼこり、火山灰などの小さな粒子が風で飛ばされ、空気中に浮遊して見える範囲が2km未満の状態を指す。黄砂によって観測されることが多い。

砂じんあらし：強風により砂が上空にまき上げられる現象。

雨強し：1時間に15mm以上の雨が降っている状態。

5	86	87	88	89
弱いにわか雪。	並または強いにわか雪。	弱い雪あられまたは氷あられ。雨またはみぞれを伴ってもよい。	並または強い雪あられまたは氷あられ。雨またはみぞれを伴ってもよい。	弱いひょう。雨またはみぞれを伴ってもよい。雷の光と音はない。

5	96	97	98	99
または並の雷の光と音。観測時にひょう、あられまたは雪あられは伴わないが雨、またはみぞれを伴う。	弱または並の雷の光と音。ひょう、氷あられまたは雪あられを伴う。	強い雷の光と音。観測時にひょう、氷あられまたは雪あられは伴わないが雨、雪またはみぞれを伴う。	雷の光と音。観測時に砂じんあらしを伴う。	強い雷の光と音。観測時にひょう、氷あられまたは雪あられを伴う。

にわか雨（にわか雪）：積雲や積乱雲から降る雨（雪）。急に強まったり弱まったりする。しゅう雨（しゅう雪）。

みぞれ：雨と雪が混じって降っている状態。

雪強し：1時間に3mm以上の降水が雪として降っている状態。

あられ：直径5mm未満の氷の粒が降っている状態。

ひょう：直径5mm以上の氷の粒が降っている状態。

天気不明：天気がわからない状態。おもに人がいない場所（無人島や海上を浮遊している観測装置）で使われることが多い。

❸ 風向風速ってどうやって表すの？

　風速は風の強さを表す単位です。一般には1秒間に何m（国際式ではノット）動くかの秒速で表します。「風速5m」と言えば、空気が1秒に5m動いていることになります。この風の速さを0から12までの13のレベルに分けると、風の力（風力）になります。（風力階級，表5）。風が強いほど風力は大きくなり、「矢羽根」とよばれる記号で表します（表6，7）。

　なお、風速は10分間の平均値を出しますが、台風のときなどによく耳にする「最大瞬間風速」という、一瞬の風の強さを測る方法もあります。

　風向は、風の吹いてくる方向を表します。日本では16方位で表します（図8）。

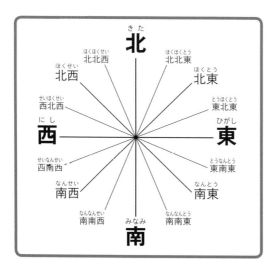

図8　16方位

表5　風力（日本式）

風力	名称	風速(m/s)	陸上の状況
0	平穏 へいおん	0.0〜0.3未満	静かでおだやか。煙がまっすぐ上昇。
1	至軽風 しけいふう	0.3〜1.6未満	煙がなびく。
2	軽風 けいふう	1.6〜3.4未満	顔に風を感じる。木の葉がゆれる。
3	軟風 なんぷう	3.4〜5.5未満	木の葉や細い枝がたえず動く。はたがはためく。
4	和風 わふう	5.5〜8.0未満	砂ぼこりがたち、紙片がまう。小枝が動く。
5	疾風 しっぷう	8.0〜10.8未満	葉の茂った樹木がゆれ、池や沼にも波頭が立つ。
6	雄風 ゆうふう	10.8〜13.9未満	大枝が動き、電線が鳴る。傘の使用がむずかしくなる。
7	強風 きょうふう	13.9〜17.7未満	木全体がゆれる。風に向かうと歩きにくい。
8	疾強風 しっきょうふう	17.2〜20.8未満	小えだが折れ、風に向かうと歩けない。
9	大強風 だいきょうふう	20.8〜24.5未満	煙突が倒れ、瓦が落ちる。
10	全強風 ぜんきょうふう	24.5〜28.5未満	樹木が根こそぎになる。人家に大そん害が起こる。
11	暴風 ぼうふう	28.5〜32.7未満	めったに起こらないような広いはんいの大損害が起こる。
12	颶風 ぐふう	32.7〜	被害がきわめて大きい。記録的なそん害が起こる。

表6　日本式風力記号

風力	記号		風力	記号	
0	○		7		7本目は、はしに書く。
1		羽をはしに書かない。	8		
2		はしの羽は。少し長い。	9		
3			10		
4			11		
5			12		
6	かた方には6本まで。				

表7　国際式風力記号

風力 (ノット)	記　号	風力 (ノット)	記　号
0	◎	53〜57	
1〜2		58〜62	
3〜7		103〜107	
13〜17		108〜112	
18〜22		108〜117	
23〜27		── ＝2ノット ╱ ＝5ノット ╱ ＝10 ◣ ＝50ノット	
43〜47			
48〜52			

1ノット(kt) は、時速 1,852mのこと。

❹天気記号の書き方

①日本式天気記号

新聞に載っている天気図を見たことがありますか。天気図の中の丸い記号から、羽のようなものが伸びている記号がありますね。

丸い記号の中にえがかれるのが「天気記号」で、日本式では21種類あります（表3, p.27）。「晴れ」のようによく聞く天気から、「砂じんあらし」のようなめったにない天気まであります。

風は、丸い記号からのびている線で表します。日本では普通、地図の上が北ですね。「北の風」のときには〇の真上から、「南の風」のときには丸の真下から線を引きだすことで風向を表現します。そして、風の強さ（風力）によって1本ずつ羽の棒が増えていくのです（表6, 図9, 10）。

②国際式天気記号

世界共通の天気図では、天気や風だけでなく、たくさんのことを書き込みます。もちろん雲のことも、です。少しむずかしいのですが、世界共通の雲の記録のやりかたも勉強してみていいかもしれません（表7, 図11, 12）。専門家になったような気分を味わえますよ。

雲の記録は、「一つひとつの雲を細かく」ではなく、空を見わたしたとき、どういう雲がどんな「感じ」で出ているか、という全体像を記録するのです。景色を写生するときと似た感じです。

そして、空を3段に分けて考えます。雲は、浮かんでいる高さに

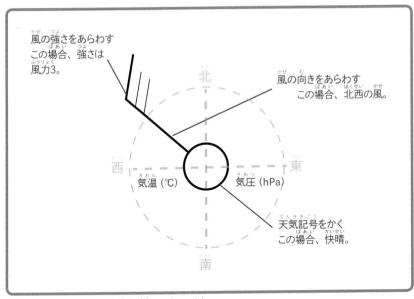

風の強さをあらわす
この場合、強さは
風力3。

風の向きをあらわす
この場合、北西の風。

北

西 東

気温（℃）　気圧（hPa）

天気記号をかく
この場合、快晴。

南

図9　日本式天気図記号の書き方

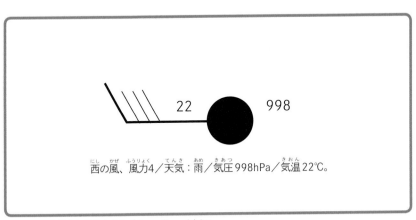

22　　998

西の風、風力4／天気：雨／気圧998hPa／気温22℃。

図10　日本式天気記号の書き方例

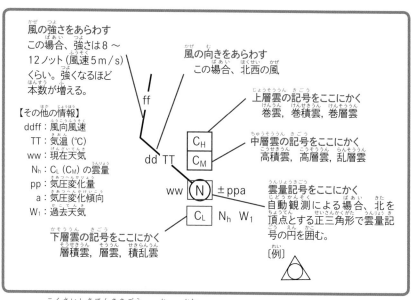

風の強さをあらわす
この場合、強さは 8 〜 12 ノット（風速 5 m／s）くらい。強くなるほど本数が増える。

風の向きをあらわす
この場合、北西の風

上層雲の記号をここにかく
巻雲，巻積雲，巻層雲

中層雲の記号をここにかく
高積雲，高層雲，乱層雲

【その他の情報】
ddff：風向風速
TT：気温（℃）
ww：現在天気
N_h：C_L（C_M）の雲量
pp：気圧変化量
a：気圧変化傾向
W_1：過去天気

ff

dd TT

C_H
C_M

ww N ± ppa

C_L N_h W_1

雲量記号をここにかく
自動観測による場合、北を頂点とする正三角形で雲量記号の円を囲む。

〔例〕

下層雲の記号をここにかく
層積雲，層雲，積乱雲

図 11　国際式天気記号の書き方

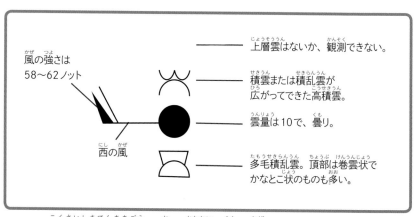

風の強さは
58〜62 ノット

西の風

上層雲はないか、観測できない。

積雲または積乱雲が広がってできた高積雲。

雲量は 10 で、曇リ。

多毛積乱雲。頂部は巻雲状でかなとこ状のものも多い。

図 12　国際式天気記号の書き方例（雲と風のみ）

よって、C_H（上層雲）、C_M（中層雲）、C_L（下層雲）と分けられるので、記号の中でも上・中・下に分けて記録するのです。

　記号はC_H＝1〜9、C_M＝1〜9、C_L＝1〜9のそれぞれに9種類ずつあります（表8）。

　上層雲、中層雲、下層雲が存在しない場合や、さまざまな理由で記録できなかった場合には記号なし（何も書かない）としています。

知っておきたい！
専門用語　西高東低

日本の西に高気圧、東に低気圧という気圧配置のこと。冬によく現れ、日本付近には北西の風に乗って寒気が流れ込み、日本海側では雪や雨が降る。

平成29年12月26日09時の予想

２４時間予想図

表8 雲の状態記号

（安斎正雄. 新・天気予報の手引. 2005, 日本気象協会より改変）

上層雲形 C~H~

1	⌣	毛状またはかぎ状で、空に広がるようすはない巻雲。
2	⌣	こい巻雲か塔状や房状の巻雲、空に広がるようすはない。
3	⌐	積乱雲からできたこい巻雲。
4	⌐	かぎ状または毛状の巻雲、またはその両方が見られ、しだいに広がり厚くなる
5	⌐	巻雲と巻層雲、または巻層雲のみで、しだいに空に広がり厚くなる。連続した層は地平線上45度以上には達しない。

中層雲形 C~M~

1	∠	高層雲。半分以上が半透明。
2	◢	不透明の高層雲または乱層雲。半分以上が不透明。
3	ᗐ	半透明な高積雲。1層で空全体はおおっていない。
4	↙	半透明な高積雲。1層以上で空全体はおおっていない。レンズ状だが形は絶えず変化する。
5	↙	おび状の半透明高積雲、または1層以上の連続的な高積雲で、しだいに空に広がり厚くなる。

下層雲形 C~L~

1	⌓	扁平積雲、または断片積雲。
2	⌂	中程度に発達した積雲または雄大積雲。ほかの積雪や層積雲があってもよい
3	⌂	頂部が巻雲状やかなとこ状でない積乱雲。積雪、層積雲、層雲があってもよい
4	⌖	積雲が広がってできた層積雲。積雲があってもよい。

42

6		巻雲と巻層雲、または巻層雲のみで、しだいに空に広がり厚くなる。連続した層は地平線上45°以上に達するが、空全体はおおっていない。
7		巻層雲、空全体をおおう。
3		巻層雲は空全体はおおっていないし、広がるようすもない。
9		巻積雲または巻雲、巻層雲。そのうち巻積雲がまさっている。

6		積雲または積乱雲が広がってできた高積雲。
7		不透明の高積雲。または広がらない2層以上の半透明の高積雲、または高層雲か乱層雲を伴う半透明の高積雲。
3		塔状または房状の高積雲。
9		はっきりとしない空の高積雲で、ふつう、いくつかの層になる。

5		積雲が広がってでできたのではない層積雲。
5		霧状または断片の層雲。悪天候ではない。
7		断片層雲または断片積雲。悪天候時。
3		積雲と層積雲の共存。層積雲は積雲からできたものではない。
9		頂部は巻雲状でかなとこ状の積乱雲。

4 雲ウオッチング入門

❶雲の量ってどうやって表すの？（雲量）

　空全体を10としたとき、10のうちどれくらいが雲に覆われているか。たとえば空全体の40％が雲に覆われていれば雲量は4となります。雲量の測定は、無人島など人のいない所以外では今でも人の目による「目視」で行われています（表2，p.26）。

雲量3

雲量7

雲量10

❷雲はいろいろな色があるの？

　雲は、水滴や氷の粒でできているので、色はみんな「白」です。水道やおふろの水は透明、海や川で見る水は青ですが、霧や湯気のように、空中に浮いている水滴は白ですね。水と光との関係で色は決まるのです。

　しかし、雲が厚くなり、太陽光がさえぎられると灰色に見えます。さらにぶ厚くなると、黒に近い色に見えることもあります。白い布や紙を用意し、紙に当てる光の量を変えていくと白、うすい灰色、こい灰色、黒と変わっていくことがわかると思います。

お天気
豆知識

色の表現

日本には「四十八茶百鼠」という言葉があります。茶色は48種類あり、ねずみ（灰色）は100種類あるという意味です。灰色といってもみんな違う、日本人の細やかな色彩感覚を表した美しい言葉です。茶人の千利休が好んだという「利休鼠」、ヒノキに由来する「桧皮色」などの色名は現在でも使われています。

ミー散乱・レイリー散乱
——空が青いわけ、白いわけ

　　　　　　　光が空気分子にぶつかると、紫や青の光

ほど、強く散らばります。これをレイリー散乱と言います。

空が青く見えるのは、レイリー散乱で散らばった光が、私

たちの目に届くためです。

　また、光がやや大きな雲粒にぶつかると、すべての光が

同じように散らばります。これをミー散乱と言います。雲

や霧が白く見えるのはこのためです。

❸ 温度、湿度、気圧って何？

　温度とは、『❶雲って何？　雲のでき方』でお話ししたように、

暖かさ、冷たさを表す単位で、空気の温度をとくに気温と言いま

す。暑いほど温度は高く、冷たいほど温度は低くなります。

　そして温度とは熱の量です。興味がある人、高学年の人のため

に少しむずかしい話もしてみます。熱とは物を作っている粒子

（原子、分子など）が持っているエネルギーです。温度が高いと

粒子は活発に動いており、温度が低いと粒子はおとなしくしている

ことになります（図13）。

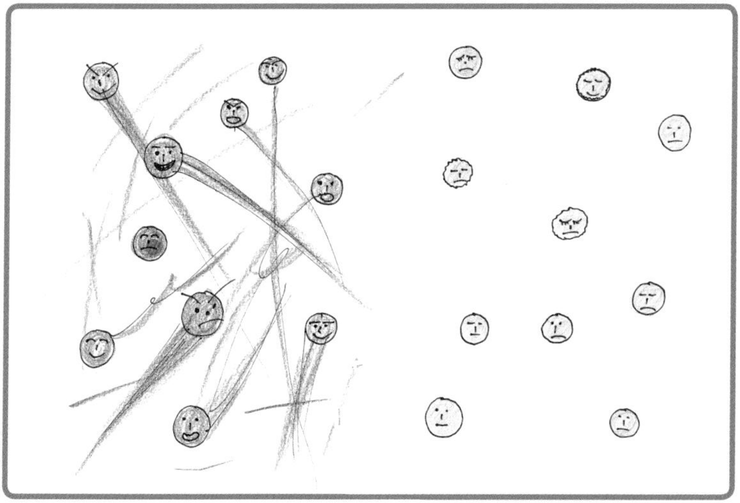

図13　暑い分子、寒い分子

❹そのほか、気をつけることは？（雨や雪、霧の有無、体調など何でも！）

　観察・観測をするときには、五感を使います。雨、雪、あられなどは降っていないか。霧は出ていないか、地吹雪や煙霧はないか、そのほかにも、頭が少しいたいとか、目がショボショボするなど、体調面で気づいたことはないか。気が付いたことは何でも記録するようにしましょう。研究では「まさかそんなことが役に立つとは思わなかった」と思うことが、後でとても役に立つこともあるからです。

目指せ！
気象予報士
クイズ
2

気象予報士試験の合格率は現在5％くらいだが、第1回の合格率は18％であった。〇か×か。

解答　〇。第1回試験では、気象庁職員や大学教授などの専門家も多く受験したため、合格率が高くなりました。

知っておきたい！専門用語　原子

この世にあるものは、すべて「原子」からできています。ご飯も空気も私たちの体もスマホも、です。原子は118種類見つかっていて、鉄のように身近なものから、フランシウムのようなこの世にごくわずかしか存在せず、どんな色をしているかもわかっていない超レアなものまであります。

自由研究のヒント
2

研究では、「まさかそんなことが役に立つとは思わなかった」と思うことが、後でとても役に立つこともあります。
　天気と健康の関係、気圧と体の痛み、など、注意して観察したら面白いかもしれません。

5 雲のほかに空で
見つかるものたち

虹

❶ 虹のなかま

　きれいなもの、色とりどりのものといえば虹ですね。「虹色」という言葉を聞いただけでウキウキしてきませんか。虹は幸福や平和、多様性（いろいろな立場や考え方の人を、認め合っていこうという考え方）のシンボルでもあります。

　日本で虹と言えば7色ですが、これは国や文化によってちがいます。アメリカやイギリスでは6色、フランスやドイツでは5色、アフリカでは民族でちがい、8色や3色、4色と考えられています。

　では、このわくわくするような虹は、いったいどのようにしてできるのでしょうか。

　眼を傷めないように注意しながら、太陽の光を見てみましょう。何色に見えますか。白く見えないでしょうか。実は、あらゆる色の光をまぜると白い光になるのです（加法混色，図14）。

　絵の具とは反対ですね。絵の具の色を何色もまぜていくと、ど

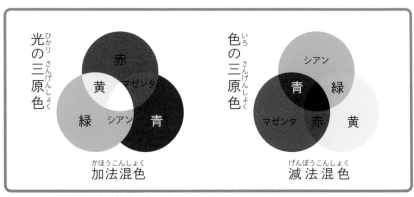

図14　加法混色と減法混色

んどん暗くなって黒に近づきますから（減法混色，図14）。

　このいろいろな色がごちゃまぜになった白い光が、空中に浮いている水滴にぶつかると、いろいろな色に分解されます。それが虹なのです。

　ですから、虹を見るチャンスは、空中の水滴と太陽の光が両方あるときです。天気予報だと「雨のち晴れ」、夕方雨雲が東に去り、西から太陽の光が差しこむときなどは、絶好のチャンスです。

❷ 不思議な色の空（緑色など）

　太陽の光が空を通るとき、大気中の分子や雲、雨粒や氷の粒などにぶつかります。すると光がいろいろな色に分かれたり、散らばったり（散乱）、はね返ったり（反射）、回り込んだり（回折）します。光のこうした行動がさまざまなドラマを生み出すのです。

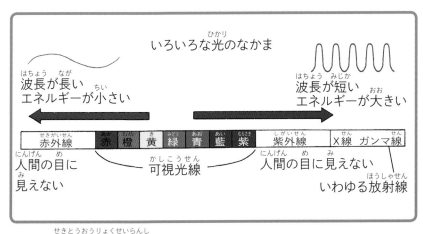

いろいろな光のなかま

波長が長い
エネルギーが小さい

波長が短い
エネルギーが大きい

| 赤外線 | 赤 | 橙 | 黄 | 緑 | 青 | 藍 | 紫 | 紫外線 | X線 ガンマ線 |

人間の目に
見えない

可視光線

人間の目に見えない

いわゆる放射線

図15　赤橙黄緑青藍紫

　光は、色によって散らばりやすさなどがちがっています（図15）。青い色の光が空気にぶつかると散らばりやすく、その光が私たちの目に入ってくるために、昼間の空は青く見えるのです。

　しかし夕方や朝など、太陽の高度が低いと、大気中を進んでくる距離が長くなり、青い光は散らばりきってどこかにいってしまい、赤い光だけが残って私たちの目に入ってくるために空が赤く見えるのです。

　また太陽が緑色に光る「グリーンフラッシュ」という珍しい現象も知られています。このグリーンフラッ

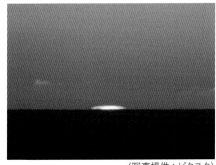

（写真提供：ピクスタ）

グリーンフラッシュ

シュを見た人は、幸福になれると言い伝えられています。青い光が散らばってしまい、緑の光を中心に私たちの目に届くと、このような色に見えます。

❸するどい光と爆音

空がピカッと光り、続いて大太鼓のような重低音！ 大昔から怖がられてきた雷です。

乾燥したとき、ドアノブからバチっとくる静電気。あれの巨大なものが雷です。雷は地球上で最大の静電気と言ってよいでしょう。雷は、雲の中にある大小の氷の粒がぶつかったり割れたり、こすれ合ったりして発電しています。

光と音がずれて聞こえるのはなぜでしょうか。光はとても速く、1秒間に地球を7周半もする速さです。それに対して音は、1秒間に340mくらいしか進めません（人間からするとこれでも十分速いですが）。光はほぼ一瞬で目まで届きますが、音は少し遅れて耳に届きます。それで光ってから何秒かしてから、ゴロゴロという音が聞こえるのです（図16）。

❹オーロラ

オーロラは高度100〜300km上空がいろいろな色で光るカーテンのような美しい現象です。北極や南極に近い地域でよく見られ

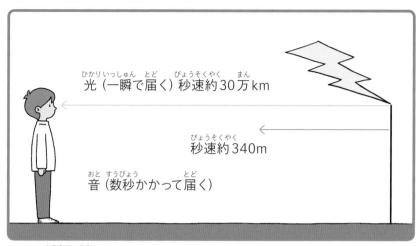

図16　雷と音

ますが、北海道で見られることもあります。主に150km以上の高いところでは赤色、100〜150kmでは緑色、100kmくらいでは赤色や青色になります。

　太陽からは、まるで風のように粒子（原子や電子、陽子など）が吹き付けてきます。これを太陽風と呼びます。太陽風が、空気中の窒素や酸素などの原子を刺激し、エネルギーを得ることで発光するのです。

（写真提供：ピクスタ）

オーロラ

アメダス

　アメダス（AMeDAS）とは「Automated Meteorological Data Acquisition System」の略で、「地域気象観測システム」と言います。アメダスは1974年から各地に約17kmの間隔で設置されていて、現在、降水量を観測する観測所は全国に約1,300カ所あります。このうち約21km間隔で設置されている約840カ所では、降水量だけではなく、風向・風速、気温、日照時間を観測しています。そのなかで、雪の多い地方に設置されている約320カ所では、積雪の深さも観測しています。自分たちの地域のアメダスを見にいって、たしかめてみよう。

（気象庁ホームページ．https://www.jma.go.jp/jma/kishou/know/amedas/kaisetsu.html　より）

アメダス全景（堺地域気象観測所）

協力：気象庁大阪管区気象台

温度計

日本の場合、温度を感じとる部分は、地上1.5mの高さに設置されています。温度計は直射日光に当てないように筒に入っています。筒の中では、ファンが回っています。

転倒ます型雨量計

外からは見えませんが、雨の量にして0.5mm分がたまると傾いて水がこぼれるようにしたます（転倒ます）が入っています。ますが何回かたむいたかで、雨の量がわかる仕組みです。

風向・風速計

地上10〜15mに設置します。風が吹くとプロペラが風上に向くように回転し胴体の向きからは風向が、プロペラの回転数からは風速がわかる仕組みになっています。

日照計

ほとんどの日照計は気象台などの建物の屋上に設置されています。

超音波積雪計

地面に置いた板の上に積もった雪に超音波を発射して、はねかえってきた超音波を受信するまでの時間を測定して、送受信器から雪面までの距離を測定します。

冬になると、超音波の送受信機の方向に合わせて板を置きます。

55

知っておきたい！ 専門用語　光速

光はこの世で最も速いものとされ、現在の科学では光以上に速いものは存在しないとされています。

目指せ！気象予報士クイズ 3

太平洋側の地域で最も冷えこみが強まるのは、強い寒気がぬけつつあるときが多い。○か×か。

解答

○。寒気がおそっているときは、風が強まり、空気がかきまぜられることで、放射冷却があまり起きません。寒気が抜けるときには風がやむことで放射冷却が強まり、強い冷えこみとなります。

放射冷却とは、暖かいものを置いておくとどんどん熱が放出して冷えていくのと同じ現象です。

2章

イラストと写真でわかる雲図鑑

1 雲の形10種類
（雲形、天気の変化と現れやすい天気図）

　私たちは「分類」が大好きです。生物、石、人の性格……あらゆるものをいくつかの種類に分けたがります。星占いでは、77億人もの人間を、しし座、おとめ座など12個のタイプに分けますね。

　雲に関しても同じです。雲の種類は数えきれないほどありますが、それを10種類に分けています（十種雲形）。そして、その十種雲形をさらにいくつかの種、変種に分けているのです。

　では十種雲形とはどのように分けているのでしょうか。

❶ 高さを見る

　まずは雲が浮かんでいる高さを見ます。高さ2,000m以下のもの（下層雲）、高さ2,000〜7,000mのもの（中層雲）、高さ7,000m以上のもの（上層雲）に分けます。上層雲には「巻」という漢字を入れ、中層雲には「高」という漢字を入れます。下層雲には何も入れません。

❷ 形を観察する

　次に、パッと見て「モクモクしているか」「スーッと平らな感じか」で分けます。モクモクした雲には「積」、平らな感じの雲には「層」という字を入れるのです。

　最後に、まとまった降水（雨や雪など）を起こす雲に「乱」という字を入れるのです。

　こうして、巻雲、巻層雲、巻積雲、高層雲、高積雲、乱層雲、積乱雲、層雲、積雲、層積雲という10種類に分類することができるのです（p.60〜参照）。

目指せ！気象予報士クイズ 4

日本海側の雪国と呼ばれる地域では、冬になると毎日のように雪が降り、豪雪となります。雪を降らせている雲は、10種類のうちどれでしょう？

解答

　おもに積乱雲（ときどき層積雲や積雲のこともあります）。入道雲というと夏のイメージですが、雪国では冬にもたくさん発生します。そして雷をとどろかせながら、ドカドカと雪を降らせていくのです。

❸ 雲の名前と特徴・まとめ

雲の名前 (記号)	写真	イラスト
巻雲 (Ci)		
巻層雲 (Cs)		
巻積雲 (Cc)		

特徴（とくちょう）

特徴　細い筆でえがいたような白い雲。

別名　筋雲、羽根雲、しらす雲

高さ　高層

出現条件　前線の接近前。上空に強い風。近くに発達した積乱雲がある。

降水　なし

特徴　薄くて白い布のような雲

別名　薄雲

高さ　高層

出現条件　前線の接近前など。

降水　なし

特徴　つぶつぶ状、波状の白い雲

別名　うろこ雲、いわし雲、さば雲

高さ　高層

出現条件　前線の接近前など。

降水　なし

雲の名前 （記号）	写真	イラスト
こうそううん 高層雲 （As）		
こうせきうん 高積雲 （Ac）		
らんそううん 乱層雲 （Ns）		

特徴（とくちょう）

特徴	灰色の布がかかったような雲
別名	おぼろ雲
高さ	中層
出現条件	前線の接近、雨の前後など。
降水	ないか、ごく弱い雨（雪）

特徴	波状、斑状の薄い灰色の雲
別名	ひつじ雲、叢雲、まだら雲
高さ	中層
出現条件	晴天時など。秋をイメージするとき。
降水	なし

特徴	暗い灰色の雲で、シトシトと本格的に降る（地雨・地雪）。雷やひょうはない。
別名	雨雲、雪雲
高さ	下層〜中層
出現条件	雨が降っているとき、低気圧や前線の接近など。
降水	あり

雲の名前 (記号)	写真	イラスト
せきらんうん **積乱雲** (Cb)		
そううん **層雲** (St)		
せきうん **積雲** (Cu)		

特徴（とくちょう）

特徴（とくちょう）	巨大（きょだい）な塔（とう）のようにもくもくとそびえ立（た）った雲（くも）。光（ひかり）が当（あ）たると白（しろ）く輝（かがや）くが、雲（くも）の下（した）は真（ま）っ暗（くら）。はげしい雨（あめ）や雪（ゆき）（しゅう雨（う）・しゅう雪（せつ））、時（とき）に雷（かみなり）やひょうなどをもたらす。
別名（べつめい）	入道雲（にゅうどうぐも）、雷雲（らいうん）
高（たか）さ	下層（かそう）～高層（こうそう）
出現条件（しゅつげんじょうけん）	夏（なつ）の午後（ごご）、冬（ふゆ）の日本海側（にほんかいがわ）にとくに多（おお）い。寒冷前線（かんれいぜんせん）、台風（たいふう）、大気（たいき）の状態（じょうたい）が不安定（ふあんてい）なとき。
降水（こうすい）	あり

特徴（とくちょう）	霧（きり）が宙（ちゅう）に浮（う）いたような雲（くも）。手（て）が届（とど）きそう。
別名（べつめい）	霧雲（きりぐも）
高（たか）さ	下層（かそう）
出現条件（しゅつげんじょうけん）	夜間（やかん）や早朝（そうちょう）に霧（きり）と共（とも）に現（あらわ）れやすい。乱層雲（らんそううん）におおわれているときなど。
降水（こうすい）	ないか、あったとしても霧雨（きりさめ）やごく弱（よわ）い雨（あめ）（雪（ゆき））

特徴（とくちょう）	りんかくのはっきりしたもくもくした雲（くも）。
別名（べつめい）	わた雲（ぐも）
高（たか）さ	下層（かそう）（発達（はったつ）すれば中層（ちゅうそう）、高層（こうそう）に達（たっ）す）
出現条件（しゅつげんじょうけん）	夏（なつ）とその前後（ぜんご）、日本海側（にほんかいがわ）では冬（ふゆ）にも多（おお）い。台風接近時（たいふうせっきんじ）、大気（たいき）の状態（じょうたい）が不安定（ふあんてい）なときなど。
降水（こうすい）	ないか、シャワーのようなにわか雨（あめ）・雪（ゆき）（しゅう雨（う）・しゅう雪（せつ））

雲の名前（記号）	写　真	イラスト
層積雲（Sc） 	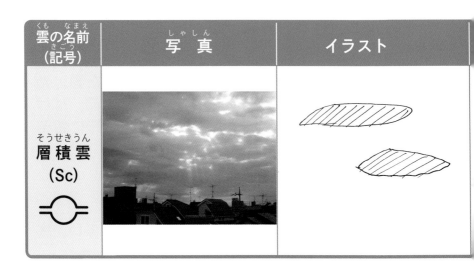	

天気と体調：頭痛

頭の血管が膨張すると、周囲を圧迫して片頭痛を起こすことがあります。気圧が低くなると、血管を押さえつける力が弱くなるため、血管がふくらんだ状態になって、頭痛も起こりやすくなるとされています（諸説あり）。

特 徴

特徴	白〜灰色の布のような雲、上のほうは少しモクモクしている。
別名	うね雲、曇り雲
高さ	下層
出現条件	とくにないが、寒候期をイメージする。
降水	ないか、ごく弱い雨（雪）

知っておきたい！

 専門用語 国際雲図帳

世界気象機関（WMO：World Meteorological Organization）が出版した雲の分類についての資料。国際的に統一された雲級（国際雲級）という分類法によって、雲の10の基本形が定められている。

変わった雲、特別な雲

　ときには、「誰かがわざと作ったのではないか」と思うような不思議な雲を見ることがあります。

①レンズ雲

　よくUFOに間ちがえられる、強風のときに発生する雲です。

レンズ雲

②乳房雲

　この世の終わりのような恐ろしい感じを与える雲。この雲が強い

乳房雲1

乳房雲2

雨の前触れでもあるので注意が必要です。

③ずきん雲

成長中の積乱雲が湿った空気にぶつかると、積乱雲がずきんをかぶったような雲ができます。

ずきん雲

④かなとこ雲

積乱雲とはいえ、無限の高さまで成長することができるわけではありません。上限の「天井」のようなところにぶつかると、今度は横に広がるようになります。最近はあまり見ることがなくなりましたが、かじ屋が使う「かなとこ」に似ているためにこのような名前があります。

かなとこ雲

かなとこ

変わった雲、特別な雲を見るチャンスは、風が強いときです。空気がはげしくかきまぜられると、いろいろなタイプの上昇気流が起こるためです。

また、天気が回復していくときも要注意です。雲がたくさんの湿った空に、乾いた空気が入ってくるので、不思議な現象も起こりやすいのです。

目指せ！
気象予報士
クイズ
5

「乾燥空気」とは、湿度が30％以下の空気のことである。○か×か。

解答

×。乾燥空気とは水蒸気を全く含まない空気のことです。空気中の気体は、窒素約78％、酸素約20％とおおよそ割合が決まっているものですが、水蒸気だけは含まれる量が大きく変化するので、全く含まないものを考えるのです。病院で酸素吸入をする場合の酸素やダイビングで使うタンクの中にある空気は、乾燥空気です。

季節の変わり目って何が変わっているの？

　これはいろいろな答えがありそうですね。「気分が変わる」「ファッションが変わる」「生き物が変わる」、それも立派な答えです。では、気象学的には何が変わっているのでしょうか。

　たとえば夏が終わって秋になると、蒸し暑かったのが涼しくなります。暑い→涼しい、と変化するのは気温が変わっているからです。さらに、蒸し暑い→さわやか、に変化するのは、湿度が変わっているからです。

　この本では、せっかくなのでもう少し突っ込んでみましょう。気温や湿度が変わるのは、「空気のかたまり」が変わるからです。夏には「暑く湿った空気のかたまり」におおわれていたのが、秋になると「涼しく乾いた空気のかたまり」におおわれるようにあるからです。このような「空気のかたまり」を気団と言います。日本付近には、おもに4つ（5つ）の気団があり、季節によって強まったり弱まったりして日本の四季を指揮しています。

もくもく写真館

自分の見た雲は、どれだろう。写真と比べてみよう。わからないときは、保育社の fb（フェイスブック）ページで質問してみよう。

巻雲（けんうん）

①典型的なすじ状の巻雲です。

②濃密巻雲というタイプの巻雲です。

③かぎ状雲というタイプの巻雲です。

④夕方の空をのびやかにかけめぐる巻雲。

巻層雲（けんそううん）

①霧状巻層雲（きりじょうけんそううん）。太陽（たいよう）の形（かたち）がゆがんで見（み）えることで存在（そんざい）がわかります。

②二重巻層雲（にじゅうけんそううん）。飛行機雲（ひこうきぐも）から変化（へんか）したものも含（ふく）まれています。

巻積雲（けんせきうん）

①うろこのようですね。巻積雲（けんせきうん）は最（もっと）も美（うつく）しい雲（くも）だと言（い）う人（ひと）もいます。

②何（なに）かの化石（かせき）のような巻積雲（けんせきうん）。

高層雲
こうそううん

①典型的な高層雲。空一面が明るい灰色になります。
てんけいてき こうそううん そらいちめん あか はいいろ

②飛行機の上から見た高層雲です。
ひこうき うえ み こうそううん

高積雲
こうせきうん

①典型的な小魚のような高積雲です。
てんけいてき こざかな こうせきうん

②こい色のところとうすい色のところがある高積雲。抽象画のようですね。
いろ いろ こうせきうん ちゅうしょうが

③空いっぱいに広がり、もうす
ぐ雨が降るかもしれません。

④チリチリの高積雲。

乱層雲

乱層雲は空をおおう灰色の雲で、下ではシトシ
トと雨が降り続きます。

積乱雲
せきらんうん

①堂々とそびえ立つ立派な積乱雲。

②頭がもくもくしている積乱雲（無毛積乱雲）。

③頭が上層雲化した積乱雲（多毛積乱雲）

④積乱雲の下では、夜のように暗くなります。

層雲 そううん

①層雲は山でよくあらわれます。
（そううん・やま）

②断片運、ちぎれ雲。積雲と似ていますが、「湯気のよう」な感じがするのが特徴です。
（だんぺんうん・ぐも・せきうん・に・ゆげ・かん・とくちょう）

積雲 せきうん

①晴れた日の扁平な（平べったい）積雲です。
（は・ひ・へんぺい・ひら・せきうん）

②少し発達した積雲。下のほうは暗い灰色になります。
（すこ・はったつ・せきうん・した・くら・はいいろ）

④積雲の集団を飛行機から。

③さらに発達し、雄大積雲となった積雲です。飛行機からの撮影です。

層積雲

①典型的な層積雲。急に曇ってきたときによく見る空です。

②層積雲の一部が桃色に染まって美しい光景です。

③空から幕が垂れ下がっている
ようですね。

④飛行機の上から見た層積雲。

そのほか　変わった雲

①まるで世界の終わり！？

②虹の"かけら"が見える。

③あらしのあと、幻想的な空で
す。

④たくさんの鳥が飛んでいるよう
ですね。

ブロッケン現象

ブロッケンの妖怪とも。霧が
出ているときや日の入りどき
に、尾根の上で太陽を背にし
て立つと出現することがあり
ます。飛行中の機体が雲に
写っています。

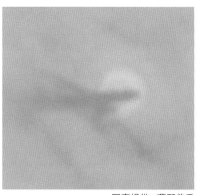

写真提供：藤野美香

写真提供：藤野美香

環水平アーク

虹の仲間です。氷で
できた上層雲の中を
太陽光が通るとき、
光が曲げられてでき
ます。

3章

雲・空を観察してみよう

1 観察シートを書こう！

❶観察シートの書き方

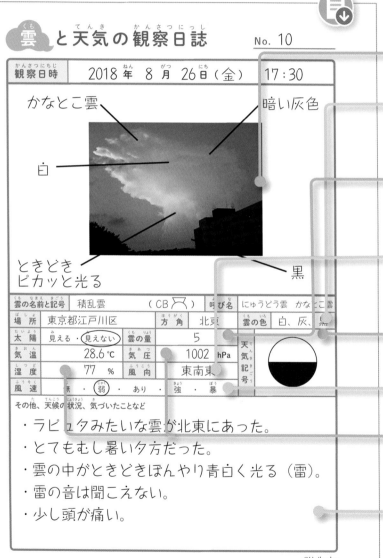

雲と天気の観察日誌　　No. 10

| 観察日時 | 2018 年 8 月 26 日 (金) | 17：30 |

かなとこ雲

暗い灰色

白

ときどき
ピカッと光る

黒

雲の名前と記号	積乱雲	（CB ☐ ）	呼び名	にゅうどう雲　かなとこ雲
場所	東京都江戸川区	方角	北東	雲の色	白、灰、黒
太陽	見える・見えない	雲の量	5	天気記号	
気温	28.6 ℃	気圧	1002 hPa		
湿度	77 ％	風向	東南東		
風速	無・弱・あり	強・暴			

その他、天候の状況、気づいたことなど

・ラピュタみたいな雲が北東にあった。

・とてもむし暑い夕方だった。

・雲の中がときどきぼんやり青白く光る（雷）。

・雷の音は聞こえない。

・少し頭が痛い。

©Hoikusha

プリントした紙に直接イラストをかいてもよいしプリントした写真をはってもよい。
パソコン上で写真データを張り付けてもOK！

白、薄い灰、暗い灰、ほぼ黒、のように記入。　▶P.12

まったくないときを0として，0〜10の整数で表わす。
この写真の雲で5。　▶P.26（表2）

風の情報も記入しておこう。▶P.34，36（表6），P.37（表7）

天気記号をかこう。　▶P.27（表3），P.28〜（表4）

強さの表現は、▶P.35（表5），P.37（表7）を参照。

湿度計、気圧計をもっていたら、書いておくとさらにgood。

雲の形や、細かい色の変化、風の様子、自分やだれかの
体調など、気づいたことを何でも書いておこう！

❷ 観察シート

雲 と天気の観察日誌　No. _____

観察日時	年　　　月　　　日（　　）　　　　　　：

（観察記入欄）

雲の名前と記号	（　　　　　　　）		呼び名	

場所		方角		雲の色	

太陽	見える ・ 見えない	雲の量		天気記号
気温	℃	気圧	hPa	
湿度	％	風向		
風速	無 ・ 弱 ・ あり ・ 強 ・ 暴			

その他、天候の状況、気づいたことなど

❸ 観察シートまとめ

雲と天気の観察まとめ　　No. _____

観察者名						
観察期間	年　　月　　日 〜　　月　　日（　　日間）					
観察場所						

平均気温		℃	最高気温		℃	最低気温	℃
平均湿度		%	最高湿度		%	最低湿度	%
平均気圧		hPa	最高気圧		hPa	最低気圧	hPa

多かった天気	①	／	回	②	／	回	③	／	回
多かった風向き	①	／	回	②	／	回	③	／	回
多かった雲	①	／	回	②	／	回	③	／	回

観察期間の中で印象的だったこと（雲、天気など）、気づいたこと

❹ まとめグラフ

　パソコンでWord（ワード）とExcel（エクセル）が使えれば、表に打ち込んだ日々の数字を読み取って図のようなグラフが自動的にできます。ダウンロード用ワードとも連動しており、「雲と天気の観察まとめ」シートの平均のあたい、最高のあたい、最低のあたいは自動的に記入されます。手書きで行う場合は、市販のグラフ用紙などを利用して作成してください。

	1日目	2日目	3日目	4日目		30日目	31日目	平均	最高値	最低値
月	23日	24日	25日	26日		21日	22日			
気温（℃）	0	0	0	0		11	10	11.3	26	0
湿度（%）	50	60	70	80		80	90	67.4	100	50
気圧（hPa）	700	800	900	1000		1000	800	861.6	1010	700
天気										

平均気温	11.3℃	最高気温	26.0℃	最低気温	0.0℃
平均湿度	67.4%	最高湿度	100.0%	最低湿度	50.0%
平均気圧	861.6hPa	最高気圧	1010.0hPa	最低気圧	700.0hPa

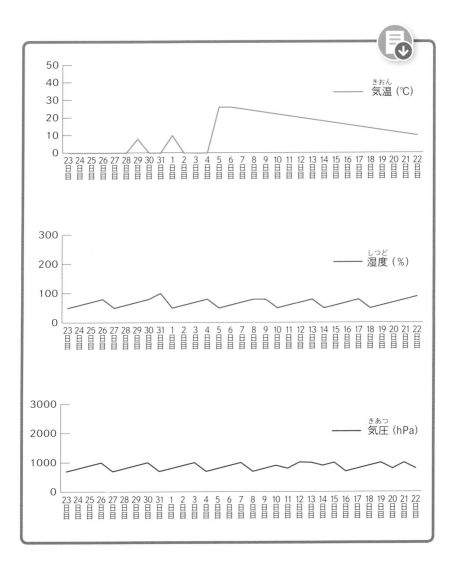

2 レベル別雲観察研究

❶ 低学年

観察したいものをよく見てみよう。

- いつ、どこで、だれが、どんなものを見たのかな。
- 絵やイラストをたくさん使って楽しく表現してみよう。

❷ 中学年

観察したいものをよく見て、そして考えてみよう。

- なぜそのようなものが現れたのかな？
- なぜそんな現象が起こったのかな？

イラストとたくさんの言葉で、なるべく正確に記録してみよう

❸ 高学年

観察したいものを見て、考え、予想してみよう。

- 何分くらいの現象かな？
- 空の何度くらいの角度かな？

なるべく数字を使って「定量的に」記録しよう。

つぎに、今度はどんな現象が起こるか、同じ現象は今度いつ現れるか、予想してみよう。

知っておきたい！ 専門用語

定性的

「南から北に動いていた」「だんだん大きくなった」のような表現のこと。

定量的

「南から北に10m動いた」「10cmから20cmになった」などのように、数字を用いた表現のこと。

　理科の観察では、できるかぎり定量的な記録にチャレンジしよう。

③ 短い期間の天気研究

❶ 雷ウオッチング

- 雷までの距離を推定してみよう。今いるところからの距離は、次の式で計算できるよ。

340m×光ってから音が聞こえるまでの秒数＝雷までの距離

- どんな色の稲光か。
- どんな音か（ゴロゴロ、バリバリ、ビッシャーン）。
- 雨、雪、ひょうはどんな感じか。

❷ 台風を追え

- 大きさと強さはどれくらいか。
- どの方向に進んでいるか。
- 台風が近づく地域ではどんな天気か。
- 今後の予想は（あとで答え合わせしてみよう）。
- 日本に近づいたら、気象衛星やレーダー画像にも注目。

❸ 低気圧はどうなるのか

- どこにいて、どれくらいの強さか。
- どの方向に進んでいるか。
- 低気圧が近づく地域ではどんな天気か。

- 今後の予想は（あとで答え合わせしてみよう）。
- 気象衛星やレーダー画像にも注目。

❹いつまで晴れが続くのかな

- 天気図や気象衛星を見て予想してみよう。
- 天気予報ではどのようになっているか。
- 海外の天気はどうかな。
- 自分の予想や天気予報の答え合わせ。

❺一日の気温や湿度、雲の変化

- 気温、湿度、気圧の変化。
- 風向、風速の変化。
- 雲量と雲形の変化。
- 降水（雨や雪など）の変化。

お天気豆知識　気象衛星

気象観測をする人工衛星のこと。地球の周りを飛びながら観測を行うことで、広い範囲の雲のちらばり（分布）などを知ることができる。はるか南海上の台風を発見するときなどに重宝する。

4 中期間の天気研究

❶ 1カ月の降水量と気温の記録

- 毎日の降水量はどうかな。
- 毎日の最高気温、最低気温はどうかな。
- 毎日の風向、風速はどうかな。
- 天気と気温の関係性はあるかな。

❷ 季節ごとの変化

- 季節が変わると気温はどう変わるかな。
- 季節が変わると湿度はどう変わるかな。
- 季節が変わると風向、風速はどう変わるかな。
- 季節が変わると雲量、雲形はどう変わるかな。

5 長期・長距離の天気研究

❶ 暖冬と寒冬

- 今年の冬と昨年の冬で気温はどのようにちがうかな。
- 今年の冬と昨年の冬で風向、風速はどのようにちがうかな。
- 今年の冬と昨年の冬で天気はどのようにちがうかな。
- 今年の冬と昨年の冬で天気図にちがいはあるかな。
- 今年の冬と昨年の冬で雲量、雲形にちがいはあるかな。

❷ 猛暑と冷夏

- 今年の冬（夏）と昨年の冬（夏）で気温はどのようにちがうかな。
- 今年の冬（夏）と昨年の冬（夏）で風向、風速はどのようにちが

  うかな。
- 今年の冬（夏）と昨年の冬（夏）で天気はどのようにちがうかな。
- 今年の冬（夏）と昨年の冬（夏）で天気図にちがいはあるかな。
- 今年の冬（夏）と昨年の冬（夏）で雲量、雲形にちがいはある

  かな。

❸ 自分の住んでいる所と行ってみたい遠い所

例）東京と沖縄、大阪とハワイ

- 東京と那覇（大阪とホノルル）で気温はどのようにちがうかな。

- 東京と那覇（大阪とホノルル）で風向、風速はどのようにちがうかな。

- 東京と那覇（大阪とホノルル）で天気はどのようにちがうかな。

- 東京と那覇（大阪とホノルル）で湿度にちがいはあるかな。

- 東京と那覇（大阪とホノルル）で雲量、雲形にちがいはあるかな。

お天気豆知識

ビバルディの四季から考える夏

　ビバルディの『四季』という曲を知っていますか。『春』『夏』『秋』『冬』の4曲からなりますが、入学式や卒業式ではよく『春』が流されます。

　この曲のちょっと面白いところは、4曲のうち一番暗いのが『夏』であるということ。ト短調の、暗く異様なきんちょう感をかもし出すメロディーを聞いて、ほとんどの日本人は「これが夏？」と思ってしまうのではないでしょうか。私の持っている音楽ソフトの説明書には、「うだるような暑さに人も動物もぐったり」「やってくる嵐を恐れて涙を流している」、そんなシーンをえがいていると書かれていました。続いて、「ハエがまとわりつく場面」「遠くから雷鳴が迫ってくる場面」がえが

かれ、最後には嵐が現実となって、ひょうや暴風雨が農作物をメチャクチャにしていくはげしいせんりつがあれくるうのです。

　おそらくこれは、大陸性のはげしい雷雨（スーパーセル）を表現していると思われます。スーパーセルは大粒のひょうや竜巻、はげしい落雷をもたらすことで恐れられ、今ではスーパーセルが近づいてくると地下のシェルターなどにひなんします。

　音楽や絵画、小説などにも、気象の意外な面やちいき性があらわれていることがあり、そんなところを意識してかんしょうしても楽しいのではないでしょうか。

6 研究っぽくする レポートの書き方

　高校や大学に行くとレポートを書くことが多くなり、さらに研究者になると論文を書くことも多くなります。次にあげる①～⑨をていねいに書くと、かなり本格的なレポートや論文らしくなります。これらを書くくせをつけておくといいでしょう。

　研究の基本シナリオは、次のとおりです。

「どうもこうじゃないかと思った、
こういううわさを聞いた（仮説）」

↓

「本当かどうか実験、観察をする」

↓

「その結果どうだったか」

　このシナリオ、何かに似ていると思いませんか？　そう、テレビ番組やyoutuberの動画もこのようなシナリオで組み立てられていることが多いのです。

①タイトル

　ほかの人が見て、わかりやすいタイトルをつけよう。

②用意したもの

どんなものを使ったか。

③期間

いつ実験・観察・研究を行ったか。

④目的

何のためにこの研究をしようと思ったか。どんなことに役に立ちそうか。

⑤仮説

どんな結果が予想されるか。

⑥結果

どんなことがわかったか。仮説と一致していたか。

⑦考察

さらにどんなことが考えられそうか。

⑧感想

ここは感じたことをなんでも自由に。どんな情報が、いつどこで役に立つかわかりません。

⑨引用・参考文献

参考にしたり（参考文献）、だれかが書いたものをそのままレポートに使ったりした文章や図は（引用文献）、書籍名だけでなく、ウェブサイトのURL（https://で始まるインターネット上の住所）も書きます。書籍は、著者名、タイトル、発行年、出版社が必要

です。論文なら、著者名、タイトル、発表した年、発表したジャーナル名などが必要です。

　論文を提出する場合には、提出先の学会や学校、出版社などで決まった書き方があるので、論文を書くときの決まりである「投稿規定」を確認しましょう。

降水確率0%という予報だったのに、一日中霧雨が降り、総雨量が0.5mmに達した。これは予報が外れたことになる。〇か×か。

解答

　×。降水確率とは正確には「1mm以上の降水確率」です。ずっと雨が降り続いても1mmに達しなければ当たったことになってしまうのです！　なんだかへりくつみたいですが、ときどき人間の常識と理論が一致しない、そんな場面にも出会います。

お天気豆知識 飛行機に乗るときに

　飛行機に乗るときには、いろいろな気象現象と出会うチャンスでもあります。まどぎわの席にすわられれば、上にも下にも、いろいろな雲を見ることができるでしょう。東京と北海道で雲は同じか、大阪とシンガポールで雲はどう違うのか……。

　また、行きと帰りでかかる時間のちがいを調べても面白いかもしれません。オーストラリアへ行くときには行きも帰りもほぼ同じ時間しかかかりませんが、アメリカに行くときには、行きより帰りのほうにかなり時間がかかることがあります。何時間違うかは季節と天候によりますが、これは上空をふく「偏西風」という強い西風の影響です。行きは偏西風に乗って、帰りは偏西風に逆らって飛ぶことになるのです。

　さらに飛行機がゆれるときは、近くにどんな雲があるでしょうか。またゆれやすい地域はあるのでしょうか。そのあたりも調べてみましょう。ヒントとして、赤道直下でははげしくゆれることが多いです。

4章

災害と雲

1 地震雲

　阪神淡路大震災の後、マスメディアなどで「地震雲」という言葉を聞くことが増えてきました。地震は大ざっぱな言い方をすれば、地下の岩が割れたりずれたりすることで起こります。大きな岩が割れるほど大きな地震となり、その大きさが「マグニチュード」という単位で表されます。

　岩が割れる前に岩に力がかかると、ある種の電磁波が発生します。その電磁波の影響で、空に地震雲ができるというのです。

　しかし、地震雲の存在は、今のところ科学的には証明されていません。「地震雲」と言われている雲の多くは、別の理由できちんと説明がつくのです。

　気象に興味を持った皆さんの中で「地震雲ははたしてあるのか、ないのか」を研究する人が出てくるかもしれません。ゆうれいや宇宙人と同じで、「存在すること」を証明するのは難しいのですが、チャレンジしてみるのもおもしろいのではないでしょうか。

地震雲もどき

知っておきたい！ 専門用語

電磁波

「電気や磁場の変化を伝える波」というとむずかしく聞こえますが、前に出てきた光（可視光線）や紫外線などの仲間。そのほか、レントゲン撮影に使うＸ線や電子レンジ、スマホや携帯電話に使う電波も電磁波のひとつ。

背理法

「存在するか」どうかを証明する手順として、「存在すると仮に決め（仮定し）て議論を進める」という研究方法があります。もし存在しないのであれば、どこかでつじつまが合わない「矛盾」が出てくるはずです。このような方法を背理法と言います。

自由研究のヒント 3

地震雲ってあるのかな？　地震雲と言われているような雲が出た日に、どこかで地震が起こっていないかを確認してみるのもおもしろいかも。

2 爆弾低気圧

「爆弾低気圧」も、ニュース番組や天気予報など、マスメディアでよく聞く言葉ですね。聞くからにぶっそうな感じがしますが、本当におっかないシロモノです。大雨や大雪、暴風、高波、高潮などさまざまな気象災害を起こすきっかけになるのです。

低気圧は発達したり弱まったりしますが、とくに急激に発達する低気圧を「爆弾低気圧」と呼ぶのです（図1）。

いくつか具体的な事例を出しましょう。

- 1986年3月23日　：関東甲信でゲリラ豪雪
- 2004年12月5日　：全国的な暴風雨・暴風雪
- 2006年12月26日：全国的な暴風雨、関東で雷雨
- 2012年4月3日　：全国的な暴風雨
- 2013年4月6日　：全国的な暴風雨、海老名で1時間に
　　　　　　　　　　　 102mmの豪雨

さて、これらの例を見て何か気づいたことはないでしょうか？夏にはなく、秋の終わり（晩秋）から春に多いのです。低気圧は寒気（冷たい空気）と暖かい空気（暖気）がぶつかり合うことで発達します。春や秋の季節の変わり目には、このようなきっかけが増えますが、夏は暖気にすっぽり覆われていて、このようなことが

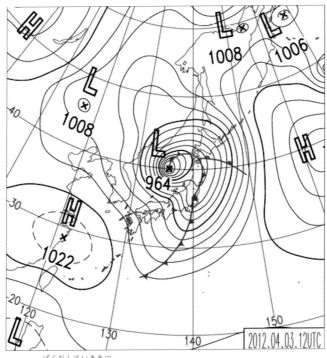

図1 爆弾低気圧
(2012年4月3日天気図. 気象庁「天気図」、加工：国立情報学研究所「デジタル台風」, http://agora.ex.nii.ac.jp/digital-typhoon/weather-chart/より引用)

少ないためです。

とつぜん死は冬に多い

　元気だった人がとつぜん倒れて、そのまま亡くなってしまうとつぜん死。これは冬に多くなっています。倒れるおもな原因は、くもまく下出血などの脳卒中やしんきんこうそくなどの血管がつまる病気です。特にくもまく下出血では、10代でも発症例があり、若い人も油断できません。

　なぜ冬にとつぜん死のリスクが大きくなるのでしょうか。気温が下がると、体の熱をにがさないために血管はちぢむせいしつがあります。血管が細くなるとつまるなどのトラブルが発生しやすくなるのです。

　予防として、ふろやトイレなどをあらかじめあたためておき、リビングルームとの温度差をへらすことがあげられます。そして水分を十分にとること、バランスのよい食事をすること、ストレスをためないことも大切です。夜中にトイレに行くのがめんどうで、寒い夜に水分を取るのをためらってしまう人もいますが、これは血液がドロドロになってつまりやすくなるのできけんです。

3 ゲリラ豪雨

　「ゲリラ豪雨」も正式な気象用語ではなく、マスメディアなどで使われるようになった言葉です。2008年ごろ、かぎられた場所にはげしい雷雨が相次いだことで使われるようになりました。

　雨の強さ（量）はmmで表し、マスメディアでは「ミリ」と表現されます（表）。天気予報でも「明日までに50ミリの雨が降るでしょう」などと報道されていますね。50mmでも1日かけて降るのか、1時間で降るのか、10分で降ってしまうのか、によって印象はまったく異なります。「雨の強さ」としては1時間で何mm降ったかの1時間雨量を用いることが多いので、ここでも1時間雨量についてお話しします。

豪雨で氾濫した江戸川

表　雨の強さ

1時間に 降る量	状　態
0.2mm未満	なんとか、傘なしでがまんできる。
0.2〜1mm未満	弱い雨
1〜2mm未満	本降りの雨
2〜10mm未満	やや強い雨。地面に大きな水たまりができ、かさをさしてもすそがぬれる。
10〜20mm未満	強い雨。雨音で会話が聞き取りにくい。
20〜30mm未満	どしゃぶり。車のワイパーはきかない。かさをさしてもずぶぬれになる。
30〜50mm未満	バケツをひっくり返したようなはげしい雨。川があふれ出すこともある。
50〜80mm未満	滝のような非常にはげしい雨。しぶきで一面真っ白になり、前が見えない。ゴーゴーと、とどろくような音を立て、恐怖を感じる。
80mm以上	空が落ちてきたようなもうれつな雨。たえがたい息苦しさや恐ろしさを感じる。

日本における最大の1時間雨量は、1999年10月27日、千葉県佐原市（現・香取市）での153mm（佐原豪雨）です。気象庁以外が観測したデータとしては、1982年7月23日の長崎県長与町役場での187.0mm（長崎豪雨）というものがあります。187mmと言えば、「もうれつな雨（80mm以上）」×2以上……想像をぜっするすさまじさだったことでしょう。

　ちなみに東京都心では、1時間に80mm以上のもうれつな雨は、史上（明治19〔1886〕年以降）2回しか観測されていません。

　「1時間に何mm以上がゲリラ豪雨か？」という決まりはとくにありません。たとえば東京ですと、1時間に50mm以上の雨は一生に数回程度、80mm以上の雨は一生に1回あるかないか、です。1時間に50mm以上なら、ほとんどの人が文句なしに「ゲリラ豪雨」と呼んでよいと感じるのではないでしょうか。

ゲリラ豪雪

「ゲリラ豪雪」はあまり耳にしないかもしれませんが、ゲリラ豪雨もあれば、ゲリラ豪雪もあるだろう、ということで書きました。

雪に関しては、雨と同じようにmmで表す方法があります。この場合は、雪をとかして液体にして測定します。あるいは「積雪深」（積もった雪の深さ）を測る方法もあります (p.55参照)。

では、1mmの降水が雪になったら何cmの積雪なのか？　これはとても難しい問題です。雪でも、みぞれに近いぼたん雪か、低温のときに降るサラサラの粉雪なのか、によってまったくちがってくるからです。とても大ざっぱですが、1mm＝1〜10cmの積雪と言われています。東京などでは、1mm＝1cmくらいが普通で1mm＝5cmを超えるようなことはめったにありません。

1時間に3mm以上の降水が雪として降れば天気記号は「雪強し（⊗）」になります。私が知る範囲で、雪としての降水の最大は2002年1月22日、北海道広尾で観測された1時間に42.0mmです。気温が1℃前後とこの時期にしては高かったため8cmの積雪にしかなりませんでしたが、言葉にできないすさまじい光景だったことでしょう。

5 台風

「台風」とは熱帯低気圧が発達し、中心付近の最大風速が17.2m を超えたものです。一般の温帯低気圧は暖気と寒気がぶつかり合ったものですが、熱帯低気圧は赤道付近の暖気のみでできています。

シンガポールやボルネオへ旅行したことはありますか？　これらの国では、晴れていたと思っても、毎日のようにはげしい雨や雷雨（いわゆるスコール）があります。赤道に近い国では、積乱雲がとても発生しやすいためです。これらがまとまって渦を巻き始めると熱帯低気圧の誕生です。さらに回りの積乱雲をどんどんまき込んで発達すれば、台風となります（図2）。夏から秋には、こうした台風が日本までやってくるのです。台風はたくさんの積乱雲でできているのではげしい暴風雨をもたらし、赤道付近の暖気を持ってくるのでむし暑くなります。

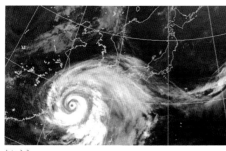

台風（気象庁ホームページ, https://www.jma. go.jp/）

シンガポールのスコール

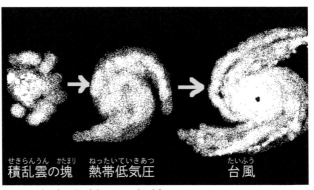

積乱雲の塊　熱帯低気圧　　　台風

図2　熱帯低気圧から台風

目指せ！気象予報士クイズ7

台風の進行方向左側は風が弱いので、それほどの警戒を必要としない。○か×か。

解答

×。台風の進行方向右側はより風が強くなり、それより多少はマシというレベルです。それでも台風には個性があり、寒気が入ったりすることによって進行方向左側でもうれつな暴風雨になることもあります。

📋 参考にした書籍やウェブサイト

◆荒木健太郎. 雲を愛する技術. 東京, 光文社, 2017, 732p.

◆金子大輔. 図解 身近にあふれる「気象・天気」が3時間でわかる本, 東京, 明日香出版社, 新改訂版, 2019, 223p.

◆安斎正雄. 日本気象協会編. 新・天気予報の手引. 新改訂版, 東京, クライム, 2005, 196p.

◆Travel Book ホームページ. 遠くまで行かなくていい？日本でオーロラが見られる！その方法とは？ https://www.travelbook.co.jp/topic/42448

◆気象庁ホームページ. https://www.jma.go.jp/jma/kishou/know/kurashi/symbols.html

◆国立情報学研究所「デジタル台風」. http://agora.ex.nii.ac.jp/digital-typhoon/weather-chart/

◆学研キッズネット. オーロラはどうしてできるの. https://kids.gakken.co.jp/kagaku/kagaku110/science0312/

◆あおぞら☆めいと. http://wapichan.sakura.ne.jp/

◆トラベルブック. https://www.travelbook.co.jp/topic/42448

プロフィール

著者名

金子大輔 （かねこ・だいすけ）

著者プロフィール

東京都江戸川区（小岩）出身。東京学芸大学卒業後、千葉大学大学院を修了。気象予報士で幼稚園〜高校までの教員免許を持つ。株式会社ウェザーニューズでの予報業務を経験した後、千葉県立中央博物館、東京大学大学院での特任研究員などを経て、現在、神奈川県の桐光学園中学・高等学校で理科（おもに生物）を教えている。日本気象予報士会会員、気象キャスターネットワーク会員、日本トイレ研究所会員。生き物はゴキブリも含めて好きだが、モンスター化した人間は苦手。占いをしたり油絵を描いたりもする。

著書

- 図解 身近にあふれる「気象・天気」が3時間でわかる本（明日香出版社）
- 胸キュン！虫図鑑 もふもふ蛾の世界（ジャムハウス）
- 大人になってこまらない マンガで身につく 勉強が楽しくなるコツ（金の星社）
- シリーズ "わたしの仕事" 気象予報士（新水社）
- 世界一まじめなおしっこ研究所（保育社）

こんなに凄かった！伝説の「あの日」の天気（自由国民社）

気象予報士・予報官になるには（ぺりかん社）

Webページ

【通り雨の旅路】

http://www5e.biglobe.ne.jp/~tooriame/menu.htm

【facebook】https://www.facebook.com/turquoisemoth

【twitter】https://twitter.com/turquoisemoth

【youtube】https://www.youtube.com/user/tooriame25

【Instagram】https://www.instagram.com/daisuke_caneko/

ラジオ出演

NHK第一『こやぶとみちょぱのとりしらべイビー！』
（2020年3月27日）

TBSラジオ『安住紳一郎の日曜天国』（2014年8月24日）

文化放送『グッモニ』（2014年7月21日）

講座・講演

気象、虫など自然をテーマに図書館、博物館、フリースクールなどで。

その他活動

千葉県立中央博物館・野鳥観察舎バードガイド／森の調査隊
（2009年12月～継続中）

水元かわせみの里ボランティア（2010年3月～2012年3月）

足立区生物園・チョウ飼育ボランティア
（2010年4月～2012年3月）

気象予報士が楽しく教える！
雲と天気のよくばり自由研究
－気象観測が今日からできる

2020年8月20日発行　第1版第1刷
2021年10月10日発行　第1版第2刷

著　者　金子 大輔

発行者　長谷川 翔

発行所　株式会社保育社
　　　　〒532-0003
　　　　大阪市淀川区宮原3-4-30
　　　　ニッセイ新大阪ビル16F
　　　　TEL 06-6398-5151
　　　　FAX 06-6398-5157
　　　　https://www.hoikusha.co.jp/

企画制作　株式会社メディカ出版
　　　　　TEL 06-6398-5048（編集）
　　　　　https://www.medica.co.jp/

編集担当　藤野美香
装　　幀　ピノ・デザイン（松橋洋子）
カバーイラスト　おがわようこ
本文イラスト　たぐちかずよ
印刷・製本　株式会社シナノパブリッシングプレス

ISBN978-4-586-08628-3　　Printed and bound in Japan
乱丁・落丁がありましたら、お取り替えいたします。